Times Table Step 2

Seong R. Kim

Times Table Step 2

Copyright © 2018 by Seong Ryeol Kim. All rights reserved.

Times Table Step 2

What's this about?

And why do you need this?

This is a book of examples on times table, a.k.a. multiplication table and is design to help keep it in your memory so that your calculation goes smooth and fast enough.

Times Table Step 2

Being in memory, not in hard drive, it's fast. Always ready when needed. So you can stay focused working on your matters in math.

Doing a calculation, you can do it mentally at least in parts. So after all, this is about mental math, calculation by heart.

Mental math helps stay focused, streamline calculations, and get solutions smooth and fast enough.

This book is also, particularly designed for you if you have a trouble with learning math as math anxiety or phobia, so anyway somehow if math is daunting you.

Times Table Step 2

So, if you hate math and struggle with it, but need to do some essential math right, smooth, and fast enough, this book is right for you.

And age doesn't matter.

Never too old and never too young to learn and do math

If feeling too old and worried about mental health, or if too young to attend any school yet, but still want to do some essential math right, smooth, and fast enough, you are looking at the right book right now.

And this is one of these: **Times Table Step 1, Times Table Step 2**, and so on, but you don't need to take all the steps.

You can switch to any Step anytime to try a different flavor, or revitalize old times table in a different way if it seems fading away.

And handy and wieldy

This book is small enough to carry and has fonts large enough to read, so can be in your pocket, can always be with you, and can be an easy read whenever you have time for it.

Times Table Step 2

Times Table Step 2

$$2 \times 1 =$$

Times Table Step 2

$2 \times 1 = 2$

Times Table Step 2

$2 \times 2 =$

Times Table Step 2

$2 \times 2 = 4$

Times Table Step 2

$2 \times 3 =$

Times Table Step 2

$2 \times 3 = 6$

Times Table Step 2

$2 \times 4 =$

Times Table Step 2

$2 \times 4 = 8$

Times Table Step 2

$2 \times 5 =$

Times Table Step 2

$2 \times 5 = 10$

Times Table Step 2

$2 \times 6 =$

$$2 \times 6 = 12$$

$2 \times 7 =$

$2 \times 7 = 14$

Times Table Step 2

2 x 8 =

Times Table Step 2

$2 \times 8 = 16$

Times Table Step 2

$$2 \times 9 =$$

$2 \times 9 = 18$

Times Table Step 2

$3 \times 1 =$

Times Table Step 2

3 x 1 = 3

Times Table Step 2

$3 \times 2 =$

Times Table Step 2

$3 \times 2 = 6$

Times Table Step 2

3 × 3 =

Times Table Step 2

$3 \times 3 = 9$

Times Table Step 2

$3 \times 4 =$

$3 \times 4 = 12$

$3 \times 5 =$

$3 \times 5 = 15$

$3 \times 6 =$

$3 \times 6 = 18$

Times Table Step 2

$3 \times 7 =$

Times Table Step 2

$3 \times 7 = 21$

3 × 8 =

Times Table Step 2

$$3 \times 8 = 24$$

Times Table Step 2

3 × 9 =

$3 \times 9 = 27$

Times Table Step 2

4 x 1 =

$4 \times 1 = 4$

Times Table Step 2

4 × 2 =

Times Table Step 2

$$4 \times 2 = 8$$

Times Table Step 2

$4 \times 3 =$

Times Table Step 2

$$4 \times 3 = 12$$

$4 \times 4 =$

$4 \times 4 = 16$

Times Table Step 2

4 x 5 =

Times Table Step 2

$4 \times 5 = 20$

Times Table Step 2

4 x 6 =

$4 \times 6 = 24$

Times Table Step 2

$4 \times 7 =$

Times Table Step 2

$4 \times 7 = 28$

4 × 8 =

Times Table Step 2

$4 \times 8 = 32$

Times Table Step 2

4 x 9 =

Times Table Step 2

$4 \times 9 = 36$

5 × 1 =

$$5 \times 1 = 5$$

Times Table Step 2

5 x 2 =

Times Table Step 2

$5 \times 2 = 10$

Times Table Step 2

$$5 \times 3 =$$

Times Table Step 2

$$5 \times 3 = 15$$

Times Table Step 2

$5 \times 4 =$

$5 \times 4 = 20$

Times Table Step 2

$5 \times 5 =$

$5 \times 5 = 25$

Times Table Step 2

$5 \times 6 =$

$5 \times 6 = 30$

Times Table Step 2

5 x 7 =

$5 \times 7 = 35$

Times Table Step 2

5 x 8 =

$5 \times 8 = 40$

Times Table Step 2

5 x 9 =

Times Table Step 2

$$5 \times 9 = 45$$

$6 \times 1 =$

Times Table Step 2

$$6 \times 1 = 6$$

Times Table Step 2

6 × 2 =

Times Table Step 2

6 x 2 = 12

Times Table Step 2

6 x 3 =

$6 \times 3 = 18$

$6 \times 4 =$

$6 \times 4 = 24$

6 x 5 =

$6 \times 5 = 30$

Times Table Step 2

$6 \times 6 =$

$6 \times 6 = 36$

Times Table Step 2

6 x 7 =

Times Table Step 2

$6 \times 7 = 42$

Times Table Step 2

6 x 8 =

Times Table Step 2

$6 \times 8 = 48$

Times Table Step 2

6 × 9 =

$6 \times 9 = 54$

Times Table Step 2

7 x 1 =

Times Table Step 2

$7 \times 1 = 7$

Times Table Step 2

$7 \times 2 =$

Times Table Step 2

$7 \times 2 = 14$

Times Table Step 2

$7 \times 3 =$

Times Table Step 2

$7 \times 3 = 21$

Times Table Step 2

7 × 4 =

Times Table Step 2

$7 \times 4 = 28$

7 × 5 =

Times Table Step 2

100

$7 \times 5 = 35$

Times Table Step 2

7 x 6 =

$7 \times 6 = 42$

Times Table Step 2

7 × 7 =

Times Table Step 2

7 x 7 = 49

Times Table Step 2

7 x 8 =

$7 \times 8 = 56$

Times Table Step 2

$$7 \times 9 =$$

Times Table Step 2

$$7 \times 9 = 63$$

Times Table Step 2

8 x 1 =

Times Table Step 2

8 × 1 = 8

Times Table Step 2

$8 \times 2 =$

$8 \times 2 = 16$

Times Table Step 2

8 × 3 =

Times Table Step 2

$8 \times 3 = 24$

Times Table Step 2

8 × 4 =

Times Table Step 2

$8 \times 4 = 32$

Times Table Step 2

8 x 5 =

Times Table Step 2

$$8 \times 5 = 40$$

Times Table Step 2

$8 \times 6 =$

$8 \times 6 = 48$

8 × 7 =

Times Table Step 2

$8 \times 7 = 56$

Times Table Step 2

8 × 8 =

Times Table Step 2

$$8 \times 8 = 64$$

Times Table Step 2

8 × 9 =

Times Table Step 2

$$8 \times 9 = 72$$

Times Table Step 2

9 x 1 =

Times Table Step 2

9 × 1 = 9

Times Table Step 2

$9 \times 2 =$

Times Table Step 2

$9 \times 2 = 18$

Times Table Step 2

$9 \times 3 =$

Times Table Step 2

$9 \times 3 = 27$

Times Table Step 2

$9 \times 4 =$

Times Table Step 2

$$9 \times 4 = 36$$

Times Table Step 2

$9 \times 5 =$

$9 \times 5 = 45$

Times Table Step 2

9 x 6 =

$9 \times 6 = 54$

Times Table Step 2

9 × 7 =

Times Table Step 2

9 x 7 = 63

Times Table Step 2

9 × 8 =

Times Table Step 2

$9 \times 8 = 72$

Times Table Step 2

9 × 9 =

$9 \times 9 = 81$

Times Table Step 2

$2 \times 9 =$

Times Table Step 2

$2 \times 9 = 18$

Times Table Step 2

$$2 \times 8 =$$

Times Table Step 2

$2 \times 8 = 16$

Times Table Step 2

2 x 7 =

Times Table Step 2

$2 \times 7 = 14$

Times Table Step 2

$2 \times 6 =$

Times Table Step 2

$2 \times 6 = 12$

Times Table Step 2

$2 \times 5 =$

Times Table Step 2

$$2 \times 5 = 10$$

Times Table Step 2

$$2 \times 4 =$$

Times Table Step 2

$2 \times 4 = 8$

Times Table Step 2

$2 \times 3 =$

Times Table Step 2

$2 \times 3 = 6$

$2 \times 2 =$

Times Table Step 2

$2 \times 2 = 4$

Times Table Step 2

$3 \times 9 =$

Times Table Step 2

$3 \times 9 = 27$

Times Table Step 2

3 × 8 =

Times Table Step 2

$3 \times 8 = 24$

Times Table Step 2

3 x 7 =

Times Table Step 2

$3 \times 7 = 21$

Times Table Step 2

$3 \times 6 =$

Times Table Step 2

$3 \times 6 = 18$

Times Table Step 2

$3 \times 5 =$

Times Table Step 2

$3 \times 5 = 15$

Times Table Step 2

$3 \times 4 =$

Times Table Step 2

$3 \times 4 = 12$

Times Table Step 2

$$3 \times 3 =$$

Times Table Step 2

$3 \times 3 = 9$

Times Table Step 2

$3 \times 2 =$

Times Table Step 2

$3 \times 2 = 6$

Times Table Step 2

$4 \times 9 =$

$4 \times 9 = 36$

Times Table Step 2

$$4 \times 8 =$$

$4 \times 8 = 32$

Times Table Step 2

$4 \times 7 =$

$4 \times 7 = 28$

Times Table Step 2

$4 \times 6 =$

Times Table Step 2

$4 \times 6 = 24$

Times Table Step 2

$4 \times 5 =$

$4 \times 5 = 20$

Times Table Step 2

$4 \times 4 =$

$4 \times 4 = 16$

Times Table Step 2

$4 \times 3 =$

Times Table Step 2

$4 \times 3 = 12$

Times Table Step 2

$4 \times 2 =$

$4 \times 2 = 8$

5 × 9 =

Times Table Step 2

$5 \times 9 = 45$

Times Table Step 2

5 × 8 =

$5 \times 8 = 40$

Times Table Step 2

$5 \times 7 =$

Times Table Step 2

$5 \times 7 = 35$

Times Table Step 2

$5 \times 6 =$

Times Table Step 2

$$5 \times 6 = 30$$

Times Table Step 2

$5 \times 5 =$

Times Table Step 2

$5 \times 5 = 25$

Times Table Step 2

$5 \times 4 =$

$5 \times 4 = 20$

Times Table Step 2

$$5 \times 3 =$$

Times Table Step 2

$5 \times 3 = 15$

Times Table Step 2

$5 \times 2 =$

Times Table Step 2

$5 \times 2 = 10$

Times Table Step 2

$6 \times 9 =$

Times Table Step 2

6 x 9 = 54

Times Table Step 2

6 × 8 =

Times Table Step 2

$6 \times 8 = 48$

6 x 7 =

Times Table Step 2

$6 \times 7 = 42$

Times Table Step 2

6 x 6 =

Times Table Step 2

$6 \times 6 = 36$

Times Table Step 2

6 x 5 =

Times Table Step 2

$6 \times 5 = 30$

Times Table Step 2

6 x 4 =

Times Table Step 2

$$6 \times 4 = 24$$

Times Table Step 2

$6 \times 3 =$

Times Table Step 2

$6 \times 3 = 18$

Times Table Step 2

6 x 2 =

Times Table Step 2

$6 \times 2 = 12$

7 × 9 =

Times Table Step 2

$7 \times 9 = 63$

Times Table Step 2

7 × 8 =

Times Table Step 2

$7 \times 8 = 56$

Times Table Step 2

7 x 7 =

Times Table Step 2

7 x 7 = 49

Times Table Step 2

7 x 6 =

$7 \times 6 = 42$

Times Table Step 2

$7 \times 5 =$

Times Table Step 2

$7 \times 5 = 35$

7 x 4 =

Times Table Step 2

$7 \times 4 = 28$

Times Table Step 2

7 x 3 =

Times Table Step 2

$7 \times 3 = 21$

Times Table Step 2

$7 \times 2 =$

Times Table Step 2

$$7 \times 2 = 14$$

Times Table Step 2

8 × 9 =

Times Table Step 2

$8 \times 9 = 72$

$8 \times 8 =$

Times Table Step 2

$8 \times 8 = 64$

Times Table Step 2

8 x 7 =

$8 \times 7 = 56$

Times Table Step 2

8 × 6 =

Times Table Step 2

$8 \times 6 = 48$

Times Table Step 2

$8 \times 5 =$

Times Table Step 2

$8 \times 5 = 40$

Times Table Step 2

8 × 4 =

$8 \times 4 = 32$

Times Table Step 2

8 x 3 =

Times Table Step 2

$8 \times 3 = 24$

Times Table Step 2

8 x 2 =

Times Table Step 2

$8 \times 2 = 16$

9 × 9 =

Times Table Step 2

$9 \times 9 = 81$

Times Table Step 2

9 × 8 =

9 × 8 = 72

9 x 7 =

Times Table Step 2

$9 \times 7 = 63$

9 x 6 =

Times Table Step 2

$9 \times 6 = 54$

Times Table Step 2

$$9 \times 5 =$$

Times Table Step 2

9 x 5 = 45

Times Table Step 2

9 x 4 =

Times Table Step 2

$9 \times 4 = 36$

Times Table Step 2

9 × 3 =

Times Table Step 2

$9 \times 3 = 27$

Times Table Step 2

9 x 2 =

Times Table Step 2

$9 \times 2 = 18$

Times Table Step 2

2 x 1 =

2 x 2 =

2 x 3 =

2 x 4 =

2 x 5 =

2 x 6 =

2 x 7 =

2 x 8 =

2 x 9 =

2 x 10 =

2 x 11 =

2 x 12 =

Times Table Step 2

2 x 1 = 2				2 x 7 = 14

2 x 2 = 4				2 x 8 = 16

2 x 3 = 6				2 x 9 = 18

2 x 4 = 8				2 x 10 = 20

2 x 5 = 10				2 x 11 = 22

2 x 6 = 12				2 x 12 = 24

Times Table Step 2

3 x 1 =	3 x 7 =
3 x 2 =	3 x 8 =
3 x 3 =	3 x 9 =
3 x 4 =	3 x 10 =
3 x 5 =	3 x 11 =
3 x 6 =	3 x 12 =

Times Table Step 2

3 x 1 = 3	3 x 7 = 21
3 x 2 = 6	3 x 8 = 24
3 x 3 = 9	3 x 9 = 29
3 x 4 = 12	3 x 10 = 30
3 x 5 = 15	3 x 11 = 33
3 x 6 = 18	3 x 12 = 36

Times Table Step 2

4 x 1 =   4 x 7 =
4 x 2 =   4 x 8 =
4 x 3 =   4 x 9 =
4 x 4 =   4 x 10 =
4 x 5 =   4 x 11 =
4 x 6 =   4 x 12 =

Times Table Step 2

4 x 1 = 4	4 x 7 = 28
4 x 2 = 8	4 x 8 = 32
4 x 3 = 12	4 x 9 = 36
4 x 4 = 16	4 x 10 = 40
4 x 5 = 20	4 x 11 = 44
4 x 6 = 24	4 x 12 = 48

Times Table Step 2

5 x 1 =   5 x 7 =

5 x 2 =   5 x 8 =

5 x 3 =   5 x 9 =

5 x 4 =   5 x 10 =

5 x 5 =   5 x 11 =

5 x 6 =   5 x 12 =

Times Table Step 2

5 x 1 = 5

5 x 2 = 10

5 x 3 = 15

5 x 4 = 20

5 x 5 = 25

5 x 6 = 30

5 x 7 = 35

5 x 8 = 40

5 x 9 = 45

5 x 10 = 50

5 x 11 = 55

5 x 12 = 60

Times Table Step 2

6 x 1 =

6 x 2 =

6 x 3 =

6 x 4 =

6 x 5 =

6 x 6 =

6 x 7 =

6 x 8 =

6 x 9 =

6 x 10 =

6 x 11 =

6 x 12 =

Times Table Step 2

6 x 1 = 6

6 x 2 = 12

6 x 3 = 18

6 x 4 = 24

6 x 5 = 30

6 x 6 = 36

6 x 7 = 42

6 x 8 = 48

6 x 9 = 54

6 x 10 = 60

6 x 11 = 66

6 x 12 = 72

Times Table Step 2

7 x 1 =

7 x 2 =

7 x 3 =

7 x 4 =

7 x 5 =

7 x 6 =

7 x 7 =

7 x 8 =

7 x 9 =

7 x 10 =

7 x 11 =

7 x 12 =

Times Table Step 2

7 x 1 = 7

7 x 2 = 14

7 x 3 = 21

7 x 4 = 28

7 x 5 = 35

7 x 6 = 42

7 x 7 = 49

7 x 8 = 56

7 x 9 = 63

7 x 10 = 70

7 x 11 = 77

7 x 12 = 84

Times Table Step 2

8 x 1 =

8 x 2 =

8 x 3 =

8 x 4 =

8 x 5 =

8 x 6 =

8 x 7 =

8 x 8 =

8 x 9 =

8 x 10 =

8 x 11 =

8 x 12 =

Times Table Step 2

8 x 1 = 8	8 x 7 = 56
8 x 2 = 16	8 x 8 = 64
8 x 3 = 24	8 x 9 = 72
8 x 4 = 32	8 x 10 = 80
8 x 5 = 40	8 x 11 = 88
8 x 6 = 48	8 x 12 = 96

Times Table Step 2

9 x 1 =   9 x 7 =

9 x 2 =   9 x 8 =

9 x 3 =   9 x 9 =

9 x 4 =   9 x 10 =

9 x 5 =   9 x 11 =

9 x 6 =   9 x 12 =

Times Table Step 2

9 x 1 = 9   9 x 7 = 63
9 x 2 = 18   9 x 8 = 72
9 x 3 = 27   9 x 9 = 81
9 x 4 = 36   9 x 10 = 90
9 x 5 = 45   9 x 11 = 99
9 x 6 = 54   9 x 12 = 108

www.ingramcontent.com/pod-product-compliance
Lightning Source LLC
Chambersburg PA
CBHW020630220526
45464CB00001B/89